Mon grand coffret pour apprendre les Maths avec la pédagogie de Singapour

Livret d'activités

Delphine Urvoy
Professeure des Écoles

LAROUSSE

Crédits images : © Shutterstock.com

Direction de la publication : Carine Girac-Marinier
Direction éditoriale : Julie Pelpel-Moulian
Direction artistique : Uli Meindl
Réalisation graphique cartes et livret : Les PAOistes
Fabrication : Ombeline Canaud

ISBN : 978-2-03-595577-7

Imprimé en Chine
Dépôt légal : mai 2020 - 321422 / 02
N° de projet : 11058165 - janvier 2025

Contenu du coffret

Ce coffret contient 80 cartes réparties ainsi :

- 21 cartes nombres et collections bleues de 0 à 20
- 22 cartes nombres et barrettes de perles rouges 0 à 20
- 9 cartes dizaines orange avec tour de cubes au verso
- 9 cartes dizaines violettes avec barrettes de perles au verso
- 5 cartes unités (à découper en 2 dans le sens de la hauteur)
- 6 cartes signes : + /+ / - / x / : / =
- 4 cartes comparaisons : > et <
- 4 cartes « calcul mental » : ajouter ou retrancher 1, 2 , 5...
- 1 feuille avec 4 schémas de mariage

60 cubes multidirectionnels emboîtables :
10 rouges, 10 jaunes, 10 bleus, 10 verts, 10 orange, 10 blancs.

En plus du matériel présent dans le coffret, vous aurez besoin :

- de pailles,
- de gobelets,
- de coupelles ou de petites assiettes,
- d'une ardoise,
- d'allumettes et d'élastiques,
- de feuilles, de crayons
  et de feutres rouge et bleu

Avant chaque séance, prenez toujours le temps de lire attentivement le descriptif et sélectionnez le matériel dont vous aurez besoin.

Sommaire

1. Découvrons les quantités jusqu'à 5, puis 10

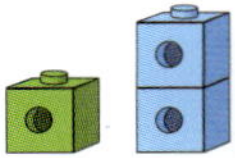

Matériel : les cubes emboîtables.

Préparation : 10 tours de couleur unie représentant les quantités de 1 à 10.

Étape 1 : demandez à votre enfant de ranger les tours de la plus petite à la plus grande.

Étape 2 : prenez la plus petite, posez votre doigt sur le cube et dites : « 1 ». Demandez à votre enfant de répéter votre geste et vos paroles. Prenez ensuite la tour du 2 et, en posant au fur et à mesure votre doigt sur les cubes, dites : « un, deux, c'est 2 ». Balayez l'ensemble de la tour avec les doigts et redites « 2 ». Demandez à votre enfant de refaire vos gestes et de répéter vos paroles. Procédez ainsi avec les différentes tours jusqu'à 10.

Étape 3 : étalez les 10 tours sur la table face à votre enfant, et demandez : « Donne-moi 4 ». Après avoir vérifié ensemble par dénombrement qu'il s'agit de la bonne tour, demandez-lui en une autre : « Donne-moi 7. » Poursuivez jusqu'à ce qu'il n'y ait plus de tours de cubes.

Étape 4 : placez les 10 tours dans l'ordre face à votre enfant, pointez du doigt une tour et dites : « Qu'est-ce que c'est ? ». Poursuivez en l'interrogeant sur les autres quantités. Disposez ensuite les 10 tours dans un ordre aléatoire, et renouvelez votre demande : « Qu'est-ce que c'est ? » Passez en revue les autres quantités.

Prolongement : mettez à distance les 10 tours de cubes sur une autre table et dites : « Va me chercher 6 », etc.

2. Découvrons les chiffres jusqu'à 10

Matériel : les cartes chiffres bleues 1 à 10.

Étape 1 : « Nous allons apprendre les symboles des nombres jusqu'à 10 ». Suivez le tracé du chiffre 1 avec l'index et le majeur et dites : « 1 ». Proposez à votre enfant de vous imiter et de répéter vos paroles. Faites la même chose avec les autres chiffres.

Étape 2 : étalez les cartes dans l'ordre face à votre enfant et demandez-lui : « Montre-moi 3 », « Où est le 6 ? », « Montre-moi 9 ». Placez ensuite les cartes chiffres dans un ordre aléatoire et renouvelez vos demandes comme précédemment.

Étape 3 : posez enfin les 10 symboles sur la table dans l'ordre, désignez-en un du doigt et demandez à votre enfant : « Qu'est-ce que c'est ? ». Procédez de même avec les autres symboles. Poursuivez en plaçant dans le désordre les chiffres.

Prolongements :
- Invitez votre enfant à tracer les chiffres dans la semoule ou à les construire en pâte à modeler.
- Placez-vous derrière votre enfant, et tracer dans son dos un chiffre avec l'index : à lui de deviner le chiffre tracé. Inversez les rôles.
- Mettez à distance les cartes chiffres sur une autre table et dites : « Va me chercher 8 », etc.

3. Associons les quantités et les nombres

Matériel : les cubes, les cartes chiffres bleues 1 à 10, les cartes rouges 1 à 10.

Préparation : 10 tours de couleur unie représentant les quantités de 1 à 10.

Étape 1 : demandez à votre enfant de placer les cartes chiffres bleues dans l'ordre de 1 à 10. Invitez-le ensuite à associer à chaque chiffre la tour de cubes correspondante. Ensuite, faites de même en plaçant les cartes chiffres dans un ordre aléatoire.

Étape 2 : disposez de manière aléatoire les 10 tours de cubes puis demandez à votre enfant d'associer à chacune la carte chiffre qui lui correspond.

Étape 3 : étalez les cartes rouges côté perles face à votre enfant et demandez-lui d'associer la carte chiffre bleue qui correspond. Une fois terminé, il pourra retourner les cartes rouges côté chiffres pour se valider.

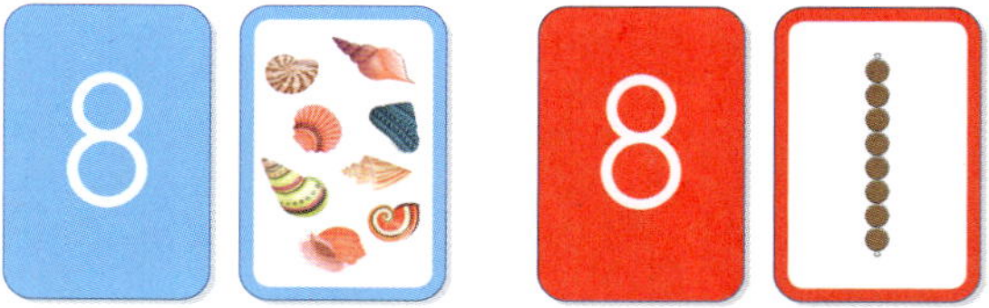

4. Dénombrons des collections et construisons des quantités

Matériel : les cubes, les cartes chiffres bleues 1 à 10 et 10 coupelles ou assiettes en carton.

Préparation : étalez les 10 coupelles sur la table de travail et placez-y de 1 à 10 cubes.

Étape 1 : demandez à votre enfant de prendre une des coupelles et de dénombrer les cubes. Invitez-le à placer la carte chiffre correspondante. Demandez-lui de faire de même avec les autres coupelles.

Étape 2 : placez dans les 10 coupelles une carte chiffre et invitez votre enfant à se saisir d'une des coupelles et à y déposer la quantité de cubes correspondante. Poursuivez avec les autres coupelles.

Étape 3 : placez les cubes sur une table éloignée. Demandez à votre enfant de tirer au sort une des cartes chiffres. Invitez-le à mémoriser puis à aller chercher le nombre de cubes indiqué.

Étape 4 : étalez les cartes bleues côté collection et demandez à votre enfant de dénombrer chacune des quantités puis d'associer la carte chiffre rouge qui correspond. Il validera lui-même en retournant la carte bleue.

5. Jouons avec la suite des nombres

Matériel : les cubes, les cartes chiffres bleues 1 à 10.

Préparation : faites 10 tours de couleur unie représentant les quantités de 1 à 10.

Étape 1 : prenez une des tours, celle du 6 par exemple, déposez-la devant votre enfant et dites : « 6. Quel est le nombre qui vient juste avant ? Et celui qui vient juste après ? ». Vous pouvez l'aider ou vérifier ensemble en retirant ou en ajoutant un cube à la tour. Poursuivez en choisissant une autre tour.

Étape 2 : demander à votre enfant de ranger les cartes chiffres dans l'ordre de 1 à 10. Poursuivez en faisant de même avec les cartes collection.

Étape 3 : posez devant votre enfant une des cartes chiffres, 5 par exemple, et dites : « 5. Quel est le nombre qui vient juste avant ? Et celui qui vient juste après ? ». Continuez l'activité avec d'autres cartes chiffres.

Étape 4 : étalez dans le désordre les cartes chiffres puis demandez à votre enfant de fermer les yeux. Pendant ce temps retirez un des cartons. Demandez-lui alors d'ouvrir les yeux et de retrouver le nombre manquant. N'hésitez pas à lui montrer que la stratégie qui consiste à réciter dans sa tête la comptine des nombres et à égrainer au fur et à mesure les cartons qui sont devant lui est très efficace.

6. Comparons des ensembles

Matériel : les cubes, des assiettes en carton et des gobelets, des pailles.

Préparation : placez 6 cubes dans une assiette et 5 cubes dans une autre de manière ordonnée (ligne ou colonne).

Étape 1 : invitez votre enfant à dénombrer le contenu de chaque assiette puis dites : « Dans quelle assiette y a-t-il le plus de cubes ? » Laissez votre enfant manipuler le matériel : soit il dénombrera chaque collection, et saura spontanément dire que 6 est plus grand que 5, soit il aura besoin de comparer terme à terme en les déplaçant et en alignant les 2 collections.
Vous pourrez alors lui montrer et lui dire que dans la collection de gauche : « Il y a 1 de plus. C'est donc dans cette assiette qu'il y a le plus de cubes. » Recommencez plusieurs fois ce jeu en modifiant les quantités.

Étape 2 : placez 7 pailles dans un gobelet et 8 pailles dans un autre, ainsi les objets ne seront plus ordonnés. « Dans quel gobelet y a-t-il le moins de pailles ? » Si besoin, invitez votre enfant à placer en colonne côte à côte les 2 collections afin qu'il utilise la correspondance terme à terme en reliant avec le doigt les objets. Recommencer avec d'autres quantités et en demandant tour à tour où il y en a « le plus » ou où il y en a « le moins ». Vous pouvez prolonger ces comparaisons en proposant les cartes côté collection et/ou perles.

7. Découvrons les mariages de nombres

Matériel : des cubes de 2 couleurs différentes : 4 cubes jaunes et 2 cubes verts. Le schéma de mariage des nombres. Les cartes chiffres bleues 1 à 10.

Préparation : placez le schéma dans une pochette transparente, il vous servira souvent.

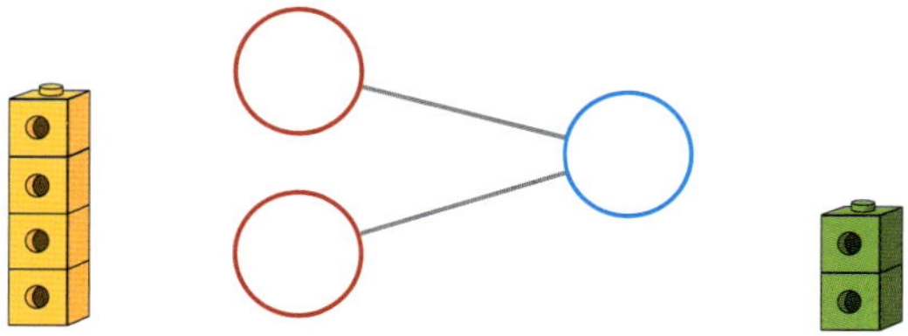

Étape 1 : placez devant votre enfant sur la table les 6 cubes ainsi que le schéma et dites : « Ces cubes sont des voitures. En tout, il y a 6 voitures : 4 jaunes et 2 vertes. ». Redites : « En tout, il y a 6 voitures » en faisant glisser les 6 cubes dans le cercle bleu. Placez à côté la carte chiffre 6.
Déplacez ensuite les 4 cubes jaunes dans un des cercles rouges et dites : « Il y a 4 voitures jaunes ». Placez à côté la carte chiffre 4.
Déplacez enfin les 2 cubes verts dans l'autre cercle rouge et dites : « il y a 2 voitures vertes ». Placez le chiffre 2 à côté.
Concluez : « Nous venons de faire un mariage de nombre. Un mariage de nombre c'est un tout (pointez du doigt le 6) et 2 parties (pointez successivement le 4 et le 2).
Proposez à votre enfant de refaire l'activité en changeant les quantités et en insistant sur la verbalisation : « Il y a 8 voitures en tout : 5 jaunes et 3 vertes. 8, c'est 5 et 3 ».

Étape 2 : « Nous allons chercher des « tout ». Proposez à votre enfant 2 trains de cubes de 2 et de 5 par exemple et déposez chacun d'eux dans un des 2 cercles rouges, les parties. « J'ai 2 cubes ici et j'ai 5 cubes là. Combien y a-t-il de cubes en tout ? ». Faites glisser les 2 trains dans le tout et dénombrez. Concluez : « 2 et 5 font 7. »
Proposez 2 autres trains constitués par exemple de 6 et 3 cubes et veillez à ce qu'il oralise bien l'ensemble de l'activité notamment sur la conclusion : « 6 et 3 font 9. ». Vous prolongerez cette activité en utilisant les cartes bleues et rouges côté collections et perles, ce qui nécessitera plus d'abstraction.

Recommandation : varier l'orientation du schéma de mariage des nombres au cours des différentes activités.

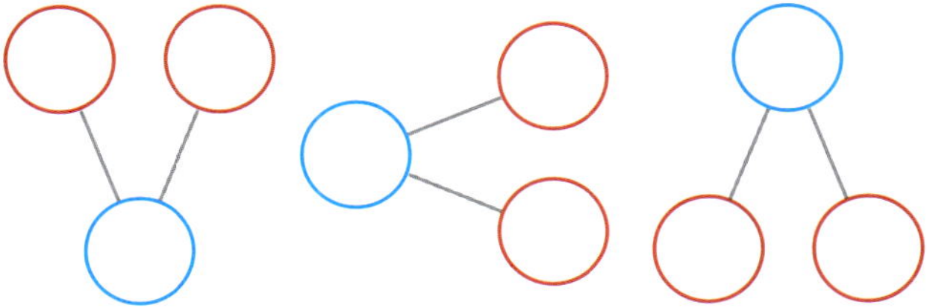

8. Apprenons les compléments à 10

Matériel : le schéma de mariage des nombres, les cubes, les cartes rouges de 0 à 9.

Préparation : construisez une tour de 10 cubes avec 2 cubes rouges et 8 cubes jaunes.

Recommandation : variez l'orientation du schéma de mariage des nombres.

Étape 1 : invitez votre enfant à dénombrer la tour de 10 cubes. Montrez une première décomposition de 10 en séparant la tour du 2 et la tour du 8 : « 2 et 8 font 10 ». Placez-les dans le schéma de mariage des nombres. Proposez à votre enfant de trouver d'autres mariages avec les cubes dont le « tout » est 10 en insistant pour qu'il conclue à chaque fois en disant : « x et y font 10 ».

Étape 2 : étalez les cartes rouges côté perles et invitez votre enfant à réaliser toutes les associations permettant d'avoir 10 en tout. Verbalisez chacune de ses mises en paire : « Une barrette de 3 perles plus une barrette de 7, en tout cela fait 10. » Concluez chaque association en retournant les cartes côté chiffres.

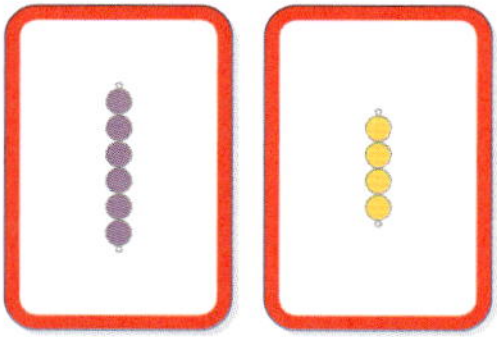

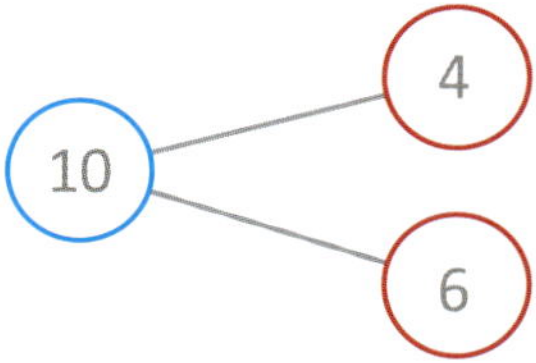

9. Découvrons l'addition

Matériel : les cubes. Le schéma de mariage des nombres. Les cartes rouges côté chiffres, les cartes signes + et =.

Étape 1 : placez devant vous le schéma de mariage des nombres et expliquez que les cubes se sont transformés en coccinelles. Déposez 5 cubes dans un des cercles rouges du schéma et dites : « C'est une feuille d'arbre. Sur cette feuille, il y a 5 coccinelles. » Posez 3 autres cubes dans l'autre cercle rouge et dites : « 3 coccinelles se posent à leur tour sur la feuille d'arbre. Quand on réunit 5 coccinelles et 3 coccinelles, nous avons en tout 8 coccinelles. » Faites glisser le tout dans le cercle bleu. « Cette histoire de nombres peut aussi être racontée grâce à une phrase mathématique que l'on appelle addition. Regarde. »
Prenez et placez les cartes de manière à avoir 5 + 3 = 8 et dites : « Cinq plus trois égal huit. Le signe + veut dire « réunir », « ajouter ». Le signe = signifie « est égal à ». Recommencez de nombreuses fois cette activité avec des quantités différentes en demandant à chaque fois à votre enfant de placer les cubes dans le schéma puis d'écrire l'addition avec ses cartes. Insistez à chaque étape pour qu'il oralise et verbalise sa démarche.

Prolongement : vous pourrez remplacer les cubes par les cartes rouges du côté des perles.

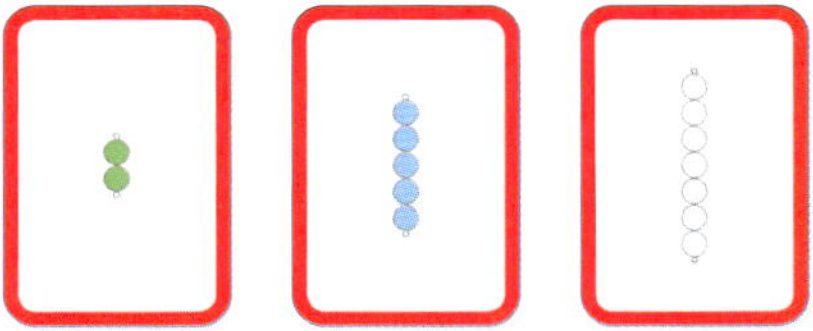

10. Inventons des histoires d'addition et jouons à réunir

Matériel : 20 cubes de 2 couleurs différentes, les mêmes cartes que dans l'activité 9.

Étape 1 : disposez en 2 tas de couleur les cubes devant votre enfant. Écrivez à l'aide des cartes une phrase mathématique, du type 5 + 2 = 7, et demandez à votre enfant de la lire. « Maintenant à l'aide des cubes, construis cette histoire de nombres ».
Vous pouvez recommencer ces créations d'histoires en variant les termes de l'addition.

Étape 2 : placez 3 cubes verts et 4 cubes jaunes devant votre enfant et demandez lui d'écrire la phrase mathématique correspondante avec les cartes. S'il réalise « 3 + 4 = 7 », dites-lui tout en modifiant : « 4 + 3 = 7 ». Changez de place les cubes. Il s'agit de lui faire prendre conscience de la commutativité de l'addition. Refaites plusieurs fois l'activité avec d'autres quantités en encourageant votre enfant à trouver les 2 égalités possibles.

Étape 3 : construisez un train de cubes inférieur à 11 de 2 couleurs. Invitez votre enfant à trouver les 2 phrases mathématiques correspondantes. Par exemple, un train de 7 cubes, 5 verts et 2 jaunes, donnera : 5 + 2 = 7 et 2 + 5 = 7. Faire plusieurs fois cette activité avec des trains ou des quantités différentes.

11. Découvrons la soustraction

Matériel : les cubes, le schéma de mariage des nombres. Les cartes rouges côté chiffres, les cartes signes + et =.

Étape 1 : posez 5 cubes dans le cercle bleu du schéma de mariage et dites: « 5 coccinelles sont sur la feuille ». Poussez 3 cubes dans un des cercles rouges et expliquez : « 3 coccinelles s'envolent. Il reste 2 coccinelles sur la feuille. » Glissez les 2 cubes restants dans le second cercle rouge et concluez : « Quand on retire 3 coccinelles d'un groupe de 5, il reste 2 coccinelles. On peut aussi écrire une phrase mathématique pour raconter cette histoire de nombres. » Avec les cartes, faites 5 - 3 = 2. Précisez que le signe « - moins » veut dire « ôter », « enlever » et que le signe « = » signifie « est pareil que ».
Vous pouvez conclure en affirmant : « Cette phrase mathématique est une soustraction. »
Recommencez cette activité avec d'autres quantités.

Étape 2 : proposez avec les cartes une phrase mathématique du type : 8 - 5 = 3. « J'aimerais qu'à l'aide des cubes, tu me racontes cette histoire de soustraction. » Encouragez votre enfant à mettre en scène cette histoire avec le matériel mis à sa disposition. Dans un premier temps, vous pouvez lui proposer le schéma de mariage des nombres. Renouvelez l'activité avec 9 - 4 = 5 et 10 - 6 = 4.

12. Jouons avec les opérations

Matériel : des cubes, le schéma de mariage des nombres, les cartes rouges côté chiffres et les cartes signes + / - / = , une feuille.

Étape 1 : sur le schéma, matérialisez à l'aide des cubes un mariage du type 8 comme « tout », 5 et 3 en « parties » et demandez : « Écris 2 phrases mathématiques à partir de ce mariage. » Laissez-le manipuler et verbaliser. Une fois les phrases réalisées avec les cartes dites : « Pour chaque mariage de nombres, il existe 4 phrases mathématiques, 2 additions et 2 soustractions. Ici on a 5 + 3 = 8, 3 + 5 = 8, 8 - 5 = 3 et 8 - 3 = 5. »
Pour chaque phrase, montrez à l'aide des cubes les égalités et notez-les sur une feuille.
Proposez à votre enfant de recommencer avec 7 (2 et 5) puis 9 (4 et 5) et enfin 10 (3 et 7).

Étape 2 : poursuivez la mise en évidence de la réciprocité des 2 types d'opération (addition et soustraction) en proposant à votre enfant un train de cubes de 2 couleurs (9 cubes : 2 rouges et 7 verts). « À partir de ce train, essaie d'écrire le plus de phrases mathématiques possibles. » Variez la longueur du train et la répartition des couleurs de cubes.

Prolongement : proposez des petits problèmes concrets et quotidiens de réunion (addition), de retrait et de perte (soustraction).

13. Découvrons les nombres jusqu'à 19

Matériel : les cubes, les cartes chiffres bleues de 1 à 19. Une ardoise.

Étape 1 : prenez une tour de 10 cubes de couleur unie et demandez : « Qu'est-ce que c'est ? » « C'est 10. ». Prenez un cube d'une autre couleur et demandez : « Qu'est-ce que c'est ? » « C'est 1 ». Disposez-les côte à côte, la tour de 10 à gauche du cube unité. Pointez-les successivement en disant : « 10 et 1 : 11 » Procédez de la même manière avec une tour de 10 et une de 2 pour 12, puis une tour de 10 et une de 3 pour 13. Demandez à votre enfant : « Montre-moi 11. » puis « Montre-moi 12. », etc., dans l'ordre puis dans le désordre.

Étape 2 : prenez la carte chiffre du 10 et demandez : « Qu'est-ce que c'est ? » « C'est 10. ». Prenez la carte du 1 et demandez : « Qu'est-ce que c'est ? » « C'est 1 ». Écrivez en grand sur l'ardoise 10 et dites : « 10 et 1 : 11 ». Effacez le 0 et remplacez-le par un 1 : « C'est 11 ». Procédez de la même manière avec les nombres 12 et 13. Invitez systématiquement votre enfant à répéter vos paroles. Poursuivez en demandant à votre enfant : « Peux-tu écrire 11 ? 12 ? 13 ? », dans l'ordre puis dans le désordre. Enfin, étalez les cartes chiffres de 11 à 13 dans l'ordre et demandez : « Qu'est-ce que c'est ? ». Recommencez en mélangeant les cartes.

Prolongement : une fois que les nombres 11, 12 et 13 sont bien assimilés vous pouvez passer aux nombres 14/15/16 puis 17/18/19.

14. Jouons avec les quantités jusqu'à 19

Matériel : tours de cubes 1 à 10 puis cubes à l'unité. Cartes chiffres rouges 11 à 19.

Étape 1 : disposez les trains de cubes sur la droite de votre enfant, soigneusement étalés. Posez la carte chiffre du 11 devant lui et dites : « 10 et 1, 11 » puis placez le train du 10 et un cube l'unité à côté en disant : « 10 et 1, 11. » Invitez votre enfant à faire de même pour le 12 et les nombres suivants.
Prolongez l'activité en passant des commandes : « Fabrique-moi 14, 11, 17... avec tes cubes. »

Étape 2 : étalez 15 cubes : les cubes sont mis en vrac sans pour autant être superposés. « Combien y a-t-il ? » Laissez votre enfant les dénombrer puis faites-lui remarquer qu'il est plus facile et sûr de d'abord isoler un groupe de cubes puis de dénombrer la quantité restante. Montrez-lui en déplaçant 10 cubes afin qu'ils forment un groupe tout en les dénombrant puis comptez les 5 cubes restants. Recommencez l'activité avec 19, 12, 17 cubes. Vous pouvez, à la fin de chaque dénombrement, lui demander d'associer la carte à l'écriture chiffrée.

Étape 3 : faites piocher une carte et dites : « Construis 16 avec tes cubes ». Si votre enfant ne recourt pas à la stratégie du passage par le paquet de 10, vous pouvez lui rappeler comment procéder et pourquoi c'est avantageux.

15. Calculons jusqu'à 19

Matériel : des cubes. Une ardoise. Le schéma de mariage des nombres. Cartes nombres 1 à 19.

Étape 1 : placez devant votre enfant 2 groupes de cubes non encastrés (6 jaunes, 8 bleus). « Nous allons chercher combien il y en a en tout. Peux-tu m'écrire la phrase mathématique et compléter le schéma de mariage ? » Laissez votre enfant dénombrer puis écrire sur son ardoise : 6 + 8 et compléter son schéma avec les cartes chiffres. Ensuite invitez-le à chercher le tout. S'il se contente de dénombrer à la suite les 2 collections, rappelez-lui que la stratégie du passage par 10 peut être aussi très efficace. Refaites plusieurs fois l'activité en variant les quantités qui resteront inférieures à 10.

Étape 2 : proposez 2 tours de cubes : une de 13 et une autre de 4. Après avoir dénombré chacune, invitez votre enfant à écrire sur son ardoise la phrase mathématique : 13 + 4. Dites : « 13, c'est 10 et 3. » Retirez 3 cubes de la grande tour et placez-les à côté de la tour de 4. Verbalisez : « Pour additionner, il est plus facile de décomposer 13 en 10 + 3. Regarde, nous avons maintenant 10 + 3 + 4, donc 10 + 7. On peut connaître rapidement le tout. ». Placez les cartes nombres sur le schéma de mariage reprenant la stratégie mise en œuvre, comme ci-contre et verbalisez de nouveau la stratégie.
Reprenez cette activité en variant les nombres, sans que le tout ne dépasse 20.

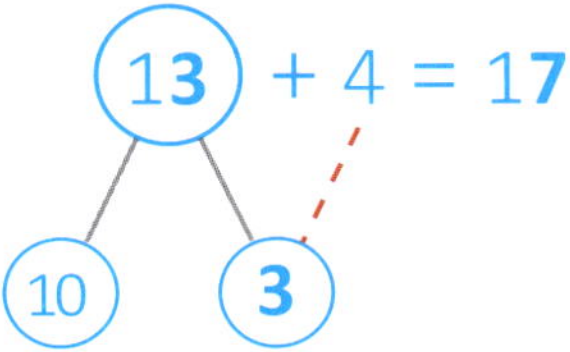

Étape 3 : écrivez sur l'ardoise la soustraction 13 - 5. À l'aide des cubes, demandez à votre enfant de vous raconter cette histoire de soustraction puis de vous indiquer le reste. Recommencez plusieurs fois en utilisant un tout compris entre 11 et 20.

Étape 4 : disposez 18 cubes unités. Demandez à votre enfant de les dénombrer, puis d'écrire la quantité trouvée sur son ardoise. Précisez : « 18, c'est 10 et 8. Nous allons ôter 5 cubes. »
Demandez à votre enfant d'écrire sur l'ardoise la phrase mathématique 18 – 5 =, de retirer 5 cubes, puis de trouver et d'écrire le résultat de la soustraction : 18 - 5 = 13. Tracez ensuite le schéma de mariage des nombres mettant le passage par 10. Recommencez avec d'autres quantités.

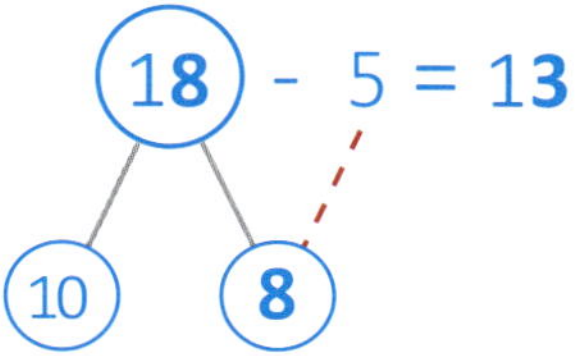

Prolongement : proposez des petits problèmes d'addition et de soustraction.

16. Découvrons les dizaines jusqu'à 60

Matériel : les cartes orange et violettes de 10 à 60. 6 paquets de 10 allumettes ou cure-dents reliés par un élastique, les cartes signes > et =.

Étape 1 : posez un paquet de 10 allumettes devant votre enfant et dites : « 10 ». Glissez la carte orange du 10 en dessous et répétez : « 10 ». Posez ensuite un peu à l'écart 2 autres paquets : « 10 et encore 10. 10 et 10, c'est 20 ».
Placez la carte chiffre en dessous. Faites de même avec 30 : « 10, 10 et 10, c'est 30. »

Étape 2 : placez les cartes 10, 20, 30 face à votre enfant puis demandez-lui de vous montrer 10, 20, 30 dans l'ordre, puis dans le désordre.
Pointez 10 du doigt puis demandez : « Qu'est-ce que c'est ? » Désignez ainsi les autres nombres successivement dans l'ordre puis dans le désordre. Une fois que le vocabulaire semble maîtrisé, vous pourrez passer à l'étape suivante.

Étape 3 : placez les cartes orange côté cubes et demandez à votre enfant de mettre en paire les cartes nombres violettes. Invitez-le à placer ces cartes à droite. Une fois les duos réalisés, proposez-lui de retourner les cartes orange côté nombres pour qu'il se valide.

Refaites cette activité, en utilisant les cartes perles à apparier avec les cartes nombres orange. Verbalisez : « 20, c'est 2 dizaines, 2 barrettes de 10 perles. » Faites de même avec 10 et 30.

Étape 4 : reprenez les étapes 1 à 3 à l'identique avec les dizaines 40, 50 et 60.

Étape 5 : étalez les 6 cartes violettes côté perles et demandez : « Montre-moi 4 dizaines. » Une fois la carte désignée, dites : « Comment se nomme ce nombre ? » Invitez-le à écrire ce nombre sur une feuille ou une ardoise.

Étape 6 : mélangez les cartes violettes et oranges côté perles et cubes. Posez-en 2 sur la table et demandez : « Quelle est la plus grande ? » Invitez votre enfant à glisser le signe > ou < entre les 2. Expliquez ou rappelez-lui que la pointure est sur le plus petit nombre et que l'ouverture du côté du plus grand.
Recommencez de nombreuses fois en ciblant par la suite les comparaisons afin qu'elles soient proches ou qu'elles relèvent d'une égalité.

Prolongement : vous pourrez prolonger cette activité par une dictée de nombres en laissant de côté les cartes : « Écris-moi 50. »

17. Découvrons les nombres jusqu'à 69

Matériel : les cartes orange et violettes de 10 à 60. Les cartes « unités » découpées, des paquets de 10 allumettes ou cure-dents reliés par un élastique, les cubes, les cartes jaunes de calcul.

Étape 1 : placez 2 paquets d'allumettes face à votre enfant et demandez : « Qu'est-ce que c'est ? » Posez la carte orange du 20 sous les paquets et dites : « Oui, c'est 20. » Glissez un cube dans le creux de votre main et demandez : « Qu'est-ce que c'est ? ». « C'est 1. » Placez ce cube à droite des 2 paquets d'allumettes et expliquez : « Nous avons 20 et 1 : on dit vingt-et-un. »
Placez la carte unité du 1 sur le 0 du 20 afin que le nombre 21 soit formé et verbalisez : « 20 et 1, c'est 21 ». Demandez à votre enfant de répéter.
Rajoutez un cube à droite des paquets et prenez la carte unité du 2, superposez-la sur le 1 et dites : « 20 et 2, c'est 22. » Procédez ainsi jusqu'à 29, puis jusqu'à 39.

Étape 2 : étalez les cartes 10, 20, 30 ainsi que les cartes unités de 1 à 9, et demandez à votre enfant de former les nombres que vous allez lui dicter : « Avec les cartes, fais 35. » Faites de nombreux exemples avant de complexifier la demande : « Écris 3 dizaines et 8 unités puis nomme le nombre obtenu. » Recommencez autant de fois que nécessaire.

18. Vers la multiplication

Matériel : des coupelles, des gobelets, des cubes, une ardoise.

Étape 1 : disposez 5 cubes dans 3 coupelles et dites : « Il y a 5 cubes dans chaque coupelle. Combien y a-t-il de coupelles ? » « 3 ». Écrivez sur l'ardoise l'addition correspondante : 5 + 5 + 5 =. « Combien y a-t-il de cubes en tout ? » « 15 ». Ensuite, disposez 3 cubes dans 4 coupelles, puis demandez : « Combien y a-t-il de cubes dans chaque groupe ? » « 3 ». « Combien y a-t-il de groupes ? » « 4 ». Faites-lui écrire l'addition correspondante, puis demandez-lui : « Combien y a-t-il en tout ? » « 12 ».

Étape 2 : placez 4 cubes dans 4 gobelets Demandez à votre enfant : « Combien y a-t-il de cubes dans chaque groupe ? », puis : « Combien y a-t-il de groupes ? » Insistez sur le fait qu'il y a 4 groupes égaux.
Demandez-lui ensuite d'écrire et de résoudre l'addition en étant vigilant sur la verbalisation : « En tout, il y a 16 cubes » Prolongez en écrivant sur l'ardoise une addition réitérée : 2 + 2 + 2 + 2. « Lis cette addition. » Demandez-lui de réaliser cette histoire de nombres avec le matériel : à lui de sortir 4 gobelets et de glisser 2 cubes dans chacun d'eux. Durant cette phase, il est important qu'il explique et justifie ses manipulations. Veillez à ce que les termes « groupes » et « dans chaque groupe » soient bien utilisés.

Étape 3 : disposez 5 groupes de 3 cubes. Verbalisez le nombre de groupes et d'éléments dans chaque groupe, puis écrivez l'addition : 3 + 3 + 3 + 3 + 3 =. Faites remarquer que l'écriture est fastidieuse. Expliquez qu'il existe une phrase mathématique permettant d'éviter ces longues additions. « Pour écrire ces phrases, on utilise le signe x (« fois »).

C'est le signe de la multiplication. Plutôt que d'écrire 5 groupes de 3 (montrez l'addition réitérée), on écrit 5 x 3, 5 fois le nombre 3. » Proposez lui ensuite 6 groupes de 2 cubes, et ensemble écrivez la multiplication tout en verbalisant la démarche : « il y a 6 groupes de 2 cubes, donc c'est 6 fois le nombre 2, ça s'écrit 6 x 2. »

Étape 4 : placez 4 tours de 2 cubes puis demandez à votre enfant le nombre de groupes, le nombre d'éléments dans chaque groupe, puis le « tout ». « Combien de fois y a-t-il 2 ? » « Il y a 4 fois 2. » Proposez-lui maintenant d'écrire sur son ardoise la phrase mathématique. Une fois rédigée, 4 x 2 = 8, demandez-lui d'expliciter chaque terme : « 4, c'est quoi ? » « C'est le nombre de groupes. » « Et 2 ? » « C'est le nombre d'éléments dans chaque groupe » « 8, c'est quoi ? » « C'est ce qu'il y a en tout. »

Prolongement : écrivez 4 x 3 =. Demandez à votre enfant de construire, puis de raconter une histoire à l'aide du matériel. Recommencez plusieurs fois avec des quantités différentes.

19. Vers la division

Matériel : des cubes, des coupelles, des pailles, des gobelets.

Étape 1 : déposez 12 cubes devant votre enfant et demandez-lui de les compter. « Je vais partager ces 12 cubes en 2 parts égales, une pour toi, une pour moi. » Déposez alternativement un cube dans chaque coupelle de manière à ce que chacun ait 6 cubes. « Les 12 cubes ont été partagés en 2 groupes égaux. Dans chaque assiette, il y a 6 cubes. C'est un partage équitable. Nous avons chacun autant de cubes l'un que l'autre. » Recommencez avec d'autres quantités.

Étape 2 : sortez maintenant 3 coupelles et dites : « Partage équitablement ces 12 cubes entre les 3 coupelles. » Invitez votre enfant à reproduire votre manipulation et à verbaliser : « Combien y a-t-il de cubes dans chaque assiette ? Y a-t-il le même nombre de cubes dans chaque assiette ? » Concluez : « 12 cubes ont été partagés équitablement en 3. Dans chaque assiette, il y a 4 cubes. En mathématiques, il existe un signe permettant de partager équitablement et de trouver la quantité que chacun aura. C'est le signe de la division, « : » (aussi noté ÷). » Écrivez sur l'ardoise 12 : 3 = 4 tout en disant : « Quand 12 cubes sont divisés en 3, chacun reçoit 4 cubes. Cette phrase se dit 12 divisé par 3 égal 4. » Reprenez l'activité en proposant une autre histoire.

Étape 3 : déposez 7 pailles dans 5 gobelets et dites : « J'avais 35 pailles. Je les ai réparties dans des gobelets. J'aimerais que tu me racontes cette histoire. » Invitez-le à expliquer la situation, puis à écrire la phrase mathématique correspondante : 35 : 5 = 7 ou 35 : 7 = 5. Verbalisez : « J'avais 35 pailles, je les ai partagées équitablement dans les 5 gobelets. Il y a 7 pailles dans chaque gobelet. » Reprenez de nombreuses fois cette activité en variant les quantités et les nombres.

Étape 4 : prolongez l'activité en proposant une division à votre enfant, par exemple, 32 : 4 = 8, et en lui demandant de vous raconter l'histoire. « Avec le matériel et avec tes mots, j'aimerais que tu me racontes cette histoire. »

Prolongement : proposez des problèmes multiplicatifs et de partage à votre enfant en laissant à sa disposition le matériel. Exemple : « Il y a 6 nuggets par assiette. Jules remarque qu'il y a 3 assiettes. Combien y-a-t-il de nuggets en tout ? » « Anaïs achète 3 sachets de 8 sucettes. Combien de sucettes a-t-elle achetées ? »
« Louis range ses 30 bandes-dessinées dans des cartons. Chaque carton contient 6 bandes-dessinées. Combien lui faut-il de cartons ? »
« 25 voitures sont transportées dans des wagons. Dans chaque wagon on peut mettre 5 voitures. Combien de wagons faut-il pour transporter toutes les voitures ? »

20. Découvrons les dizaines jusqu'à 90

Matériel : les cartes violettes et orange, 9 paquets de 10 allumettes, les cartes signes >.

Étape 1 : disposez 6 paquets de 10 allumettes et posez au-dessous la carte orange 60 et dites : « 60. C'est 6 dizaines. » Placez un autre paquet de 10 un peu à l'écart des 6 autres en disant : « On a 60 et 10, on dit que l'on a 70. 1, 2 ,3, 4, 5, 6, 7 dizaines. » Posez la carte 70 sur la table en rappelant : « 60 et 10, 70 ». Demandez à votre enfant de répéter vos paroles. N'hésitez pas à insister : « Combien as-tu devant toi ? Pourquoi ? »
Disposez ensuite 8 paquets de les réunissant en 4 groupes de 20 allumettes afin que votre enfant ait sous les yeux « 4 vingt ». Expliquez en désignant du doigt chaque groupe : « 10 et 10, c'est 20. Ici on a 20 puis 20 puis 20 et encore 20, c'est 4 fois 20. Quatre-vingt. 1, 2, 3, 4, 5, 6, 7, 8, c'est 8 dizaines. » Posez alors la carte orange 80 devant lui en répétant « 80, c'est 8 dizaines. »
Pour 90, gardez la disposition déjà présente pour 80 et ajoutez un paquet de 10 un peu à l'écart afin de visuellement percevoir (4 x 20) + 10. Verbalisez : « quatre-vingt et dix, c'est 90. Nous avons 9 dizaines. » Montrez la carte 90 à votre enfant et faites-lui répéter le nombre y figurant en lui demander d'expliquer sa composition.

Étape 2 : placez dans l'ordre les cartes oranges 60, 70, 80, 90 sur la table et demandez à votre enfant : « Montre-moi 60 ». Poursuivez avec 70, 80 et 90.
Changez ensuite l'ordre des cartes et reprenez les mêmes questions. Une fois qu'il pourra y répondre sans erreur, désignez une des cartes et demandez : « Qu'est-ce que c'est ? » Pointez du doigt les différents nombres.

Étape 3 : prenez les cartes 60 à 90 côté cubes et disposez-les dans le désordre. « Combien y a-t-il de cubes ? » Invitez-le à compter les tours puis à trouver la carte nombre violette qui correspond. Une fois chaque paire reconstituée, proposez-lui de vérifier ses réponses en retournant les cartes orange côté nombres.
Refaites cette activité en utilisant les cartes violette côté perles et les nombres des cartes orange.

Étape 4 : prenez 4 cartes violettes entre 30 et 90 côté perles et les cartes signes >. « Range ces quantités de la plus petite à la plus grande. Variez l'activité en demandant ensuite de la plus grande à la plus petite ou en utilisant et en mélangeant des cartes orange côté cubes.

Prolongement : réaliser un jeu de bataille en utilisant les 2 jeux de cartes.

21. Découvrons les nombres jusqu'à 99

Matériel : les cartes orange et violettes de 70 à 90. Les cartes « unités » découpées, 9 paquets de 10 allumettes reliées par un élastique, les cubes.

Étape 1 : procédez de la même manière que pour les nombres jusqu'à 69, dans l'ordre nombre par nombre en découpant l'activité en 2 fois si besoin (Cf. activité 17).

Étape 2 : dictez à votre enfant un nombre et demandez-lui de construire avec les cartes ce nombre, puis de le construire avec les paquets d'allumettes et les cubes. Inversez ensuite les rôles : montrez un nombre construit avec les cartes, à lui de donner son nom ou bien construisez avec le matériel une quantité, à lui de vous dire le nombre réalisé.

Étape 3 : pour renforcer sa maîtrise de la comptine numérique, amusez-vous à compter de 1 à 100, mais aussi de 100 à 1.
Vous pouvez diversifier l'activité en comptant vous-même à voix haute en oubliant un des nombres : à votre enfant de percevoir et de garder en mémoire jusqu'à la fin de la comptine le nombre oublié.

Étape 4 : jouez au jeu « Ajoute / enlève ». Mélangez au préalable les cartes calcul mental en alternant nombres positifs et négatifs. Donner un nombre de départ comme 50 puis demandez à votre enfant de venir piocher une carte, + 5 par exemple : « 50 + 5, combien cela fait-il ? » Laissez à sa disposition le matériel. Une fois la réponse donnée, proposez un autre « nombre départ » et une autre carte à piocher. Par la suite, à partir d'un même nombre de départ, vous pourrez lui faire tirer successivement au sort 3 ou 4 cartes d'affilée.

Étape 5 : proposez des jeux du portrait. « Je suis un nombre dont le chiffre des unités est 7. Je suis compris entre 78 et 95, qui suis-je ? » ou « Mon chiffre des unités et des dizaines est le même, je suis compris entre 67 et 86, qui suis-je ? » ou encore « Je suis plus petit que 69, plus grand que 51 et mon nom n'est fait que d'un seul mot, qui suis-je ? »

Étape 6 : demandez à votre enfant de réaliser 2 nombres, comme 76 et 83 par exemple avec les cartes. Donnez-lui une carte signe > et dites : « Quel est le plus grand nombre ? ». À lui de placer correctement le signe entre les 2 nombres.